Ernesto Augusto Garbe

Dimensionamento de secadores de madeira

AF138590

Ernesto Augusto Garbe

Dimensionamento de secadores de madeira

Estudo de caso para facilitar o entendimento

Novas Edições Acadêmicas

Impressum / Impressão
Bibliografische Information der Deutschen Nationalbibliothek: Die Deutsche Nationalbibliothek verzeichnet diese Publikation in der Deutschen Nationalbibliografie; detaillierte bibliografische Daten sind im Internet über http://dnb.d-nb.de abrufbar.
Alle in diesem Buch genannten Marken und Produktnamen unterliegen warenzeichen-, marken- oder patentrechtlichem Schutz bzw. sind Warenzeichen oder eingetragene Warenzeichen der jeweiligen Inhaber. Die Wiedergabe von Marken, Produktnamen, Gebrauchsnamen, Handelsnamen, Warenbezeichnungen u.s.w. in diesem Werk berechtigt auch ohne besondere Kennzeichnung nicht zu der Annahme, dass solche Namen im Sinne der Warenzeichen- und Markenschutzgesetzgebung als frei zu betrachten wären und daher von jedermann benutzt werden dürften.

Informação biográfica publicada por Deutsche Nationalbibliothek: Nationalbibliothek numera essa publicação em Deutsche Nationalbibliografie; dados biográficos detalhados estão disponíveis na Internet: http://dnb.d-nb.de.
Os outros nomes de marcas e produtos citados neste livro estão sujeitos à marca registrada ou a proteção de patentes e são marcas comerciais registradas dos seus respectivos proprietários. O uso dos nomes de marcas, nome de produto, nomes comuns, nome comerciais, descrições de produtos, etc. Inclusive sem uma marca particular nestas publicações, de forma alguma deve interpretar-se no sentido de que estes nomes possam ser considerados ilimitados em matérias de marcas e legislação de proteção de marcas e, portanto, ser utilizadas por qualquer pessoa.

Coverbild / Imagem da capa: www.ingimage.com

Verlag / Editora:
Novas Edições Acadêmicas
ist ein Imprint der / é uma marca de
OmniScriptum GmbH & Co. KG
Heinrich-Böcking-Str. 6-8, 66121 Saarbrücken, Deutschland / Niemcy
Email / Correio eletrônico: info@nea-edicoes.com

Herstellung: siehe letzte Seite /
Publicado: veja a última página
ISBN: 978-613-0-15526-1

DIMENSIONAMENTO DE SECADORES DE MADEIRA

Estudo de caso para facilitar o entendimento

Ernesto Augusto Garbe

ii

BIOGRAFIA DO AUTOR

Nascido em São Paulo, filho de Walter Garbe e Marilin Alice Pfuetzenreuter Garbe, e que com menos de dois anos veio com seus pais para o sul do Brasil, morar na cidade de São Bento do Sul - SC. Esta situa-se a 100 quilometros de Curitiba, sentido a Santa Catarina.

Iniciou os estudos com dois anos de idade, quando estudou no Colégio São José na cidade de São Bento do Sul por mais de 15 anos, terminando o ensino médio (na época denominado de Segundo Grau) em 1999. Neste período vivenciou diversas experiências, destacando-se em matemática e ciências. Obtêve alguns prêmios em feiras de ciências.

Ernesto Augusto Garbe graduou-se em Engenharia Industrial Madeireira pela Universidade Federal do Paraná, UFPR, Brasil entre os anos de 2001 e 2005. Em seu trabalho de conclusão de curso estudou os "Fatores Influentes na Secagem de Pinus taeda com Ênfase em Trincas Superficiais", sob orientação do Prof. Dr. Ricardo Jorge Klitzke. Também, no período da graduação, foi fundador da empresa Júnior de Engenharia

Industrial Madeireira, a Madtec, sendo inicialmente Diretor de Marketig e na sequência Diretor Presidente.

Paralelamente à graduação na UFPR, foi pioneiro na realização de um intercâmio entre 2004 e 2005, em convênio entre a UFPR e a UACH – Universidad Austral de Chile, matriculado em Ingeniaría en Maderas. Nesta oportunidade conviveu em república com mais três amigos, Rodrigo Dolenga, André Keinert e Albino Picado, também estudantes de engenharia. Aprofundou estudos com uma espécie de bambu maciço, entitulado de "Proyecto y Proceso Productivo de Vigas Laminadas de Bambú Chusquea culeou", sob orientação do Prof. Dr. Luís Insunza e Co-orientação do Prof. Dr. Héctor Cuevas.

Em seu primeiro mês de intercâmbio, iniciou sua primeira oportunidade profissional com a madeira, realizando um estágio em uma empresa de Aquitetura e Engenharia Energética, a A2S. Além de trabalhar com isolamento térmico em residências, estudou diversas madeiras chilenas e utilizou bambu em seus trabalhos. Os proprietários da A2S, Sr. Rodrigo e Sra. Alejandra, foram grandes apoiadores e colaboraram muito para o sucesso dos trabalhos e evolução da carreira profissional.

Em seguida ao seu retorno ao Brasil, em 2005, para completar a graduação em engenharia na UFPR, iniciou outro estágio. Desta vez, foi oportunizado trabalhar em uma empresa de consultoria na área florestal e industrial madeireira. A STCP é uma empresa especializada em projetos de engenharia, cujo proprietário é o Prof. Dr. Ivan Tomaselli. Trabalhou com diversos projetos de estratégias para indústrias papeleiras e projetos de mercados, sob coordenação do Engenheiro Florestal Dr. Marcelo Wiecheteck.

Outra grande oportunidade vivinciada em 2005 foi na empresa Masisa, unidade de Rio Negrinho – SC, onde atuou como Estagiário sob orientação do Sr. Cristian Alvarez, chileno, de formação Ingeniero de Madeiras. A atuação nesta situação foi diversificada, realizando melhorias em todo processo produtivo de molduras, incluindo moldureiras, finger-joints, serraria e secagem da madeira. Iniciou-se neste, o conhecimento para melhorias em secagem da madeira, com ênfaze em trincas superficiais.

Na Braspine, uma das maiores empresas de beneficiamento de madeiras da américa latina, unidade de Jaguariaíva-PR, atuou como treinee na secagem da madeira.

Aprofundou os conhecimentos em trincas superficiais na madeira e como minimizar o problema. Teve grande apoio do Ingeniero Sr. Luis Pinilla e gerenciou mais de 10 empresas terceirizadas, aplicando ações de melhoria nos sistemas de secagem da madeira e serrarias.

Em 2007, na Marinepar, empresa produtora de pisos de madeiras sólidas, atuou como PCP, gerente de custos (criou o Dpto. de Lucro$), gerente de logística, e gerente de preparação, liderando mais de 100 colaboradores. Nesta experiência vivenciou atividades de preparação e secagem de mais de 30 espécies de madeiras, entre elas: Jatobá, Cumarú, Ipê, Muiracatiara, Muirapiranga, Oiticica, Eucalipto, Imbuia, Garapeira, entre outras.

Foi Gerente de Beneficiamento da Madeira e Engenheiro de Processo na Madeiranit em Sinop-MT, orientado pelo Sr. José Eduardo Pinto. Nesta empresa liderou mais de 30 funcionários e realizou melhorias em processos diversos de produção de compensados, atuando como auditor interno do Programa Nacional de Qualidade da Madeira (PNQM).

Atualmente é diretor e consultor da GARBE CONSULTORIA (EAGARBE) - Planejamento, Engenharia, Gerenciamento e Inovações, desenvolvendo trabalhos na área de Gestão Empresarial, Desenvolvimento de Mercados, Processos Produtivos e Projetos de Fomento para Financiamentos e Recursos Não Reembolsáveis. Parcerias realizadas em projetos com Universidades, Prefeituras, Mdic, Apex, Fetep, outros. Já atendeu mais de 450 empresas com consultoria especializada em áreas diversas.

Entre 2009 e 2011, realizou na Universidade do Estado de Santa Catarina, UDESC, Brasil uma Pós-Graduação em Gestão e Planejamento Ambiental. Nesta época estudou energia eólica com trabalho de conclusão de curso denominado de "Projeto Básico para Verificação da Viabilidade Econômica de uma Unidade de Geração de Energia Elétrica Proveniente da Energia Eólica na Lagoa dos Patos - Rio Grande do Sul Brasil Denominado: Parque Eólico Lagoa Dos Patos". O Prof. Dr. Renato de Mello conduziu a orientação do estudo.

Seu Mestrado Engenharia Florestal - Tecnologia e Utilização de Produtos Florestais foi realizado entre 2010 e 2012, quando na Universidade Federal do Paraná, UFPR, Brasil, estudou sob orientação do Prof. Dr. Ivan Tomaselli e coorientação do Prof. Dr. Márcio Pereira da Rocha, cujo tema foi os "Fatores que Afetam a Competitividade das Exportações de Móveis do Brasil e Propostas para Melhorias". Foi bolsista do Conselho Nacional de Desenvolvimento Científico e Tecnológico - CNPQ.

Quando da realização do mestrado, no início de 2010, surge a oportunidade de vivenciar pelo período de mais de um mês no interior da Amazônia, a realização de uma especialização denominada de Tópico Especial: Madeiras da Amazônia. Este momento de estudos ocorreu no Instituto Nacional de Pesquisas da Amazônia - INPA, sob coordenação do Dr. Niro Higuchi.

Neste momento de 2015, é Professor da UDESC, faculdade de Engenharia de Produção Mecânica, do Departamento de Tecnologia Industrial, ministrando aulas para turmas de Sistemas Integrados de Manufatura, Processos de Fabricação, Ventilação Industrial, Resistência dos Materiais e Física II.

Também atualmente é estudante da Pós-Graduação em Engenharia Florestal, onde realiza o doutorado, sob orientação do Dr. Jorge Luis de Matos. O tema abordado nos estudos da Tese são referentes a viabilidade econômica de produção e comercialização de Madeira Laminada Colada.

x

CONTEÚDO

LISTA DE TABELAS

1- ANTECEDENTES

Com a finalidade de detalhamento de definição do projeto básico de construção de câmaras de secagem realizou-se o presente trabalho.

Foi considerado como estudo de caso, a criação de equipemento de secagem de madeira serrada de Jatobá. As tábuas serradas teriam larguras variáveis, com espessura de 30 milímetros e comprimento de 2,40 metros. O uso final desta madeira é para a fabricação de decking. Estipulou-se um volume de madeira em torno de 100 metros cúbicos no secador.

Definiram-se também a análise do material (Jatobá) e a carta de processo de secagem desta madeira.

O desenvolvimento do projeto básico envolve o cálculo e o dimensionamento do secador e de uma unidade de geração de vapor.

2- ANÁLISE DO MATERIAL UTILIZADO

Neste item são apresentados o material utilizado, o produto final e suas especificações. Também se faz uma análise do processo de secagem e determinação da carta de processo.

2.1- MATERIAL

A espécie de madeira utilizada será o jatobá, conhecido cientificamente por *Hymenaea sp.* família das leguminosas. Tem coloração róseo-pardacento ao pardo-avermelhado-claro, uniforme ou com veios longitudinais. Alburno espesso, branco-amarelado. Superfície pouco lustrosa, textura lisa a grossa, grã normalmente reversa. Gosto e odor indistintos. Ocorre desde o sul do México até a Bahia, nas matas de terra firme de solo argiloso e várzeas altas.

A madeira de jatobá pode ser classificada como de alto peso específico, baixa retratibilidade e alta resistência mecânica. Difícil a moderadamente fácil de trabalhar, pode ser desenrolada, aplainada, colada, parafusada e pregada sem muitos problemas. Apresenta resistência para tornear e faquear. O acabamento é agradável. Aceita pintura, verniz, lustre e emassamento. Utiliza-se construções externas (obras hidráulicas, postes e vigas), construções pesadas, laminados, móveis, cabos de ferramentas, também em implementos agrícolas, carrocerias e vagões, dormentes, cruzetas e construção civil em geral (pisos, assoalhos, revestimentos, estrutural, decking).

Devido á grã normalmente reversa, podem-se ocorrer torções devido a uma secagem mal conduzida. Possui tendência a trincas superficiais.

A massa específica básica em média está em torno dos 750 kg/m³ e sua massa específica aparente em 15% de umidade é de 910 kg/m³. O jatobá possui coeficiente de contração radial de 3,1%, tangencial de 7,2% e volumétrico de 10,7%. Seu coeficiente de anisotropia é de 2,32 %/%, considerado alto.

2.2- TEOR DE UMIDADE

Consideram-se como verde as peças de madeira ao início da secagem. Desta forma, para o dimensionamento dos equipamentos, utiliza-se uma umidade inicial de 80%.

Em função das especificações do produto final, utiliza-se para fins de dimensionamento a umidade de 15%.

2.3- ESPECIFICAÇÕES PERTINENTES AO PRODUTO FINAL

Definiu-se como produto final especificado a produção de decking. Este produto aceita umidade de até 18%, porém utiliza-se uma média em torno de 15% em função da base seca. Não aceita torções ou encurvamentos, tampouco trincas e rachaduras.

2.4- TEMPO DO PROCESSO DE SECAGEM

Com base em conhecimentos práticos, estima-se o tempo de secagem em 345 horas. O tempo de carregamento e descarregamento por empilhadeira não deverá exceder de 5 horas.

2.5- CARTA DE PROCESSO

Em função do material utilizado, a carta de processo deve ser realizada sob certos parâmetros de temperatura e umidade relativa. Para a realização do processo de secagem da espécie estudada, utiliza-se de temperatura de bulbo seco (TBS) de 45°C no inicio da secagem, elevando-se esta até 60°C à fase final. Sugere-se para potencial de secagem, um valor de 2. Veja na TABELA 01 a carta do processo de secagem e seus parâmetros.

TABELA 01 – CARTA DE PROCESSO

ESTÁGIO	FASES	TBS (°C)	TBU (°C)	UR (%)	UE (%)	PS *	TEMPO* (h)
1°	Aquecimento	45	45	100	28	-	10
2°	Verde – 40	45	43	92	20	2	180
3°	40 – 30	50	47	82	15	2	50
4°	30 – 20	55	47	65	10	2	50
5°	20 – 15	60	47	52	7,5	2	25
6°	Condicionamento	60	57	84	15	1	30

*PS – Potencial de Secagem é um parâmetro adimensional

*TEMPO – Tempo estimado para cada estágio da secagem

A carta de processo foi desenvolvida em função de temperaturas de bulbo seco inicial e final e do potencial de secagem sugerido. As informações de temperatura de bulbo úmido (TBU), umidade relativa (UR) e umidade de equilíbrio da madeira (UE) foram obtidas através de cálculos e tabelas.

3- PROJETO E EQUIPAMENTO UTILIZADO

3.1- CÂMARAS DE SECAGEM

A seleção do processo de secagem para madeira serrada depende de algumas variáveis, dentre elas podemos citar as mais importantes como sendo as propriedades físicas da madeira, a propensão desta aos defeitos, requisitos de qualidade do produto final e aspectos econômicos e financeiros.

Considerando-se estes aspectos, definiu-se a secagem convencional, como sendo a mais adequada. O controle da secagem se da em função da temperatura e umidade relativa do ar. Com o intuito de minimização de custos, pode-se também ser controlada a vazão do ar.

Para questões de dimensionamento de equipamentos, estão sendo utilizadas como condições de ambiente externo temperatura média anual de 25 °C e umidade relativa média de 80%.

3.1.1- CAPACIDADE E DIMENSÕES INTERNAS

Tem-se a necessidade de secar 100 metros cúbicos por ciclo.

Sugere-se para questões financeiras e de melhoria do controle do processo, duas estufas semelhantes, com capacidade efetiva de 50 metros cúbicos cada. Esta divisão em menores estufas facilita a manter constante o fornecimento de vapor da caldeira e torna esta com disponibilidade de vapor para aquecer com maior eficiência o secador e a madeira.

Em função do tempo de cada ciclo e da capacidade de cada secador, pode-se estimar em torno de 200 metros cúbicos de madeira seca por mês.

Na TABELA 02 demonstram-se as principais dimensões das câmaras de secagem utilizadas.

TABELA 02 – PRINCIPAIS DIMENSÕES INTERNAS DO

SECADOR

DIMENSÃO	VALOR (m)
Profundidade Interna	6,60
Largura Interna	7,50
Altura até o Sub-Teto	4,00
Altura Total Interna	5,10
Altura da Porta	4,10
Largura da Porta	7,65
Largura do Plenum	1,40

3.1.2- CONSTRUÇÕES

Quanto às construções adotam-se as seguintes definições:

- Visando a redução de espaço físico, redução de investimentos e redução de perdas energéticas do processo, adota-se construções geminadas, ou seja, um secador ao lado do outro, utilizando-se da mesma parede.

- Cobertura, sub-teto, piso, estrutura e fundações deverão ser construídas em concreto. Para as paredes utiliza-se alvenaria. Utilizar tijolos furados, com no mínimo 20 centímetros de largura. Os furos dos tijolos aprisionam ar, que é um excelente isolante térmico.

- O plenum deve ter 1,4 metros de largura.

- A posição dos termômetros de bulbo seco e úmido deve ser na parte traseira da estufa, havendo a necessidade de apenas um termômetro de bulbo seco próximo a porta, na lateral, com sistema retrátil.

- Porta de inspeção ao lado do sistema de termômetros na parte traseira do secador, também uma porta de inspeção na porta de carregamento, na parte frontal da estufa. Porta de manutenção na parte superior da estufa, dando acesso aos ventiladores.

- Porta de carregamento feita de isolamento em lã de rocha, estruturada e revestida com duas folhas, em alumínio, vedada com silicone. Sistema de engate rápido e retirada lateral por carro com mecanismo de elevação.

- Demais acessórios construtivos deverão ser construídos com material com baixo grau de corrosão.

- Utilizar cobertura para carregamento e descarregamento de madeiras dos secadores em estruturas metálicas e telhas de fibrocimento.

3.1.3- CARREGAMENTO

A forma de carregamento utilizada é por empilhadeira. Cada pilha de madeira deve conter 23 camadas de tábuas, totalizando aproximadamente 1,2 metros de altura e 1,2 metros de largura. O comprimento é em função do comprimento das tábuas, 2,4 metros. Serão empilhados 27 pacotes de madeira dentro do secador, totalizando aproximadamente 50 metros cúbicos de madeira. Estes 27 pacotes deverão estar dispostos em 3x3x3 em largura, profundidade e altura.

3.1.4- VENTILAÇÃO

Para facilitar a manutenção, aconselha-se a utilização de ventilação superior. Motorização interna, dimensionados e construídos para suportar condições agressivas de temperatura e umidade. Utilização de defletores na parte superior da pilha, com o intuito de direcionar a vazão entre as camadas de tabiques. Espessura dos tabiques dimensionada em 22 milímetros.

É possível ser determinado o volume total de ar necessário para a secagem em cada estágio em função da umidade específica e da quantidade de umidade a ser absorvida pelo ar. Para se ter melhor uniformidade na umidade da carga de madeira, adota-se um valor máximo para queda do potencial de secagem (P.S.) no decorrer da passagem de ar pela pilha de 20%. Como utilizou-se um P.S. na entrada da pilha de 2, na saída deve-se ter um valor de 1,6.

TABELA 03 – PROPRIEDADES UTILIZADAS E VOLUME
TOTAL DE AR NESSESÁRIO

EST.	EVAPOR AÇÃO (kg/h)	TBS PILHA (°C) Entrada	TBS PILHA (°C) Saída	TBU PILHA (°C)	UMIDADE ESPECÍFICA (kg água/m³ ar seco) Entrada	UMIDADE ESPECÍFICA Saída	Diferença (Ent.-Saída)	VOLUME TOTAL NECESSÁRIO DE AR (m³/h)
1°	0	45	45	45	-	-	-	-
2°	88,3	45	44	43	0,06023	0,05927	0,00096	91.979
3°	79,5	50	48	47	0,06799	0,06645	0,00154	51.623
4°	79,5	55	52	47	0,06771	0,06637	0,00134	59.328
5°	79,5	60	56	47	0,06757	0,06210	0,00547	14.534
6°	0	60	-	57	-	-	-	-

Para alcançarmos uma vazão na pilha de 91.979 m³/h, utilizar-se-ão 3 ventiladores axiais de acionamento direto, com diâmetro de 950 milímetros e vazão unitária de 35.000 m³/h, uma vez que se institui um fator de segurança de 15%. Assim teremos por secador uma vazão total de 105.000 m³/h. Tendo-se a área livre de passagem de ar pelos tabiques de 9,6 m², tem-se uma velocidade de circulação do ar pela pilha de 2,65 m/s.

Em função da velocidade do ar (2,65 m/s), da largura da pilha (3,6 m), da constante de fricção para madeira bruta ($12,2 \times 10^{-9}$), da espessura do tabique (22 mm) e uma segunda constante ($Ke = 4,4 \times 10^{-8}$), encontra-se a pressão estática entre a entrada e saída da pilha igual a 1,84 mmH_2O. Este valor serve apenas como parâmetro de comparação, porém utiliza-se um valor de aproximadamente 25 mmH_2O para o cálculo da potência requerida. Com esta pressão, a vazão necessária e a eficiência do ventilador, calcula-se a potência necessária total, igual a 29 CV.

Usa-se então três motores com potência unitária de 10 CV, 380 volts e capacidade de reversão de fluxo de ar para os dois lados.

Aconselha-se a utilização de um inversor de freqüência por câmara de secagem, o que nos deixa a opção de variarmos a vazão de ar. Isto reduziria para este caso, 22% do consumo de energia elétrica nos ventiladores, significando 6.791 kWh por mês.

3.1.5- RENOVAÇÃO DE AR

Para o cálculo da renovação de ar, utilizam-se as propriedade do ar de entrada, e a massa total de água que este ar deverá absorver em certo período.

O ar de entrada está a 25°C e possui 80% de umidade relativa, o que oferece uma condição de conter 0,01908 kg de água absorvida por metro cúbico de ar. Este valor é utilizado no cálculo da capacidade de absorção de água pelo ar. Veja na TABELA 04 as propriedades utilizadas para cálculo e a vazão necessária de renovação de ar em cada estágio de secagem.

TABELA 04 – PROPRIEDADES UTILIZADAS E VAZÃO DE RENOVAÇÃO DE AR NECESSÁRIA

ESTÁGIO	EVAPORAÇÃO DE ÁGUA (kg/h)	TEMP. (°C)	UMIDADE REL. (%)	CAPAC. ABSORSÃO DO AR (kg/m³)	VAZÃO DE AR NECESS. (m³/h)
1º	0	45	100	0	0
2º	88,3	45	92	0,04256	2.074,7
3º	79,5	50	82	0,04890	1.625,8
4º	79,5	55	64	0,04908	1.619,8
5º	79,5	60	52	0,04857	1.636,8
6º	0	60	84	0,09021	0

Encontra-se uma necessidade de vazão máxima de 2.047,7 m³/hora de entrada de ar nos *dumpers*. Para isto utilizar-se-ão 12 *dumpers*, sendo 6 para entrada e 6 para saída de ar. Estes deverão ter as dimensões de 400 x 400 milímetros, construídos em chapas de alumínio, com batente e telhado superior. Seu acionamento deverá ser proporcional (sistema de rosca sem fim), com regulagem de abertura máxima.

Sugere-se o acompanhamento durante o processo e verificação de vazão. Para a abertura máxima, a velocidade de entrada de ar destes *dumpers* deverá ser igual a 1,56 m/s em cada. Caso contrário, este deverá ser estrangulado.

3.1.6- AQUECIMENTO

Para se determinar o aquecimento de um secador, é necessário se conhecer a energia necessária para aquecer e manter o secador em funcionamento. Para isto dividimos este item em quatro fases de cálculo: Energia Para Aquecimento do Secador, Energia Para Manter o Secador, Dimensionamento da Tubulação de Alimentação dos Secadores e Dimensionamento dos Trocadores de Calor.

a) Energia Para Aquecimento do Secador

A energia para se aquecer o sistema é calculada em função do material, de sua massa e a variação de temperatura a qual se submete este material. A variação de temperatura que se submete este material é dada por estágios de secagem, sendo eles:

1º Estágio – de 25°C até 45°C – 10 horas de aquecimento;

2º Estágio – manter em 45°C – sem aquecimento;

3º Estágio – de 45°C até 50°C – 10 horas de aquecimento;

4º Estágio de 50°C até 55°C – 10 horas de aquecimento;

5º Estágio de 55°C até 60°C – 10 horas de aquecimento e

6º Estágio - manter em 60°C por 30 horas sem aquecimento.

Veja nas TABELAS 05, 06, 07, 08, 09 e 10 os valores utilizados para cálculo e a energia necessária para o aquecimento do secador, de seus equipamentos, do ar e da madeira dispostos internamente, para cada estágio de secagem, respectivamente.

TABELA 05 – VALORES DE CÁLCULO E ENERGIA

NECESSÁRIA PARA AQUECIMENO DO SECADOR NO 1º

ESTÁGIO

TIPO	MASSA (kg)	CALOR ESPECÍFICO(kcal/kg°C)	ENERGIA (kcal)
Água (1000 kg/m³)	31.800,0	1,000	636.000,0
Madeira (750 kg/m³)	39.750,0	0,420	333.900,0
Concreto (2400 kg/m³)	58.017,6	0,210	243.673,9
Tijolos Furados (1200 kg/m³)	22.768,8	0,220	100.182,7
Reboco (1500 kg/m³)	5.596,8	0,200	22.387,2
Ar (1,2 kg/m³)	227,5	0,240	1.092,0
Alumínio (2700 kg/m³)	2.000,0	0,219	8.760,0
Lã de Rocha (32 kg/m³)	100,4	0,160	321,3
Ferro (8.900 kg/m³)	2.000,0	0,117	4.680,0
Total	-	-	1.350.997,1

O 1º Estágio refere-se ao aquecimento da madeira verde, correspondente a uma massa de água igual a 31.800,0 kg e uma variação de temperatura igual a 20ºC. Tem-se um total de 1.350.997,1 kcal de energia necessária. Para o 1º Estagio considera-se um período de 10 horas de aquecimento, correspondente a 135.099,7 kcal/h, para cada secador.

TABELA 06 – VALORES DE CÁLCULO ENERGIA NECESSÁRIA PARA AQUECIMENO DO SECADOR NO 2º ESTÁGIO

TIPO	MASSA (kg)	CALOR ESPECÍFICO(kcal/kgºC)	ENERGIA (kcal)
Água (1000 kg/m³)	31.800,0	1,000	0
Madeira (750 kg/m³)	39.750,0	0,420	0
Concreto (2400 kg/m³)	58.017,6	0,210	0
Tijolos Furados (1200 kg/m³)	22.768,8	0,220	0
Reboco (1500 kg/m³)	5.596,8	0,200	0
Ar (1,2 kg/m³)	227,5	0,240	0
Alumínio (2700 kg/m³)	2.000,0	0,219	0
Lã de Rocha (32 kg/m³)	100,4	0,160	0
Ferro (8.900 kg/m³)	2.000,0	0,117	0
Total	-	-	0

Para o cálculo do 2° Estágio, não há energia necessária para aquecimento, pois não se tem aumento na temperatura.

TABELA 07 – VALORES DE CÁLCULO E ENERGIA NECESSÁRIA PARA AQUECIMENO DO SECADOR NO 3° ESTÁGIO

TIPO	MASSA (kg)	CALOR ESPECÍFICO(kcal/kg°C)	ENERGIA (kcal)
Água (1000 kg/m³)	15.900,0	1,000	79.500,0
Madeira (750 kg/m³)	39.750,0	0,420	83.475,0
Concreto (2400 kg/m³)	58.017,6	0,210	60.918,5
Tijolos Furados (1200 kg/m³)	22.768,8	0,220	25.045,7
Reboco (1500 kg/m³)	5.596,8	0,200	5.596,8
Ar (1,2 kg/m³)	227,5	0,240	273,0
Alumínio (2700 kg/m³)	2.000,0	0,219	2.190,0
Lã de Rocha (32 kg/m³)	100,4	0,160	80,3
Ferro (8.900 kg/m³)	2.000,0	0,117	1.170,0
Total	-	-	258.249,3

38

No 3° Estágio, variamos a temperatura em 5°C e utilizamos para fins de cálculo uma massa de água de 15.900,0 kg. Assim temos um total de 258.249,3 kcal necessárias. Divide-se este total em aproximadamente 10 horas e temos 25.824,9 kcal de energia necessária por hora.

TABELA 08 – VALORES DE CÁLCULO E ENERGIA

NECESSÁRIA PARA AQUECIMENO DO SECADOR NO 4°

ESTÁGIO

TIPO	MASSA (kg)	CALOR ESPECÍFICO(kcal/kg°C)	ENERGIA (kcal)
Água (1000 kg/m³)	11.925,0	1,000	59.625,0
Madeira (750 kg/m³)	39.750,0	0,420	83.475,0
Concreto (2400 kg/m³)	58.017,6	0,210	60.918,5

Tijolos Furados (1200 kg/m³)	22.768,8	0,220	25.045,7
Reboco (1500 kg/m³)	5.596,8	0,200	5.596,8
Ar (1,2 kg/m³)	227,5	0,240	273,0
Alumínio (2700 kg/m³)	2.000,0	0,219	2.190,0
Lã de Rocha (32 kg/m³)	100,4	0,160	80,3
Ferro (8.900 kg/m³)	2.000,0	0,117	1.170,0
Total	-	-	238.374,3

No 4° Estágio temos um total de 10 horas de aquecimento e aproximadamente 23.837,4 kcal/h de necessidade de vapor.

TABELA 09 – VALORES DE CÁLCULO E ENERGIA

NECESSÁRIA PARA AQUECIMENO DO SECADOR NO 5º

ESTÁGIO

TIPO	MASSA (kg)	CALOR ESPECÍFICO(kcal/kg°C)	ENERGIA (kcal)
Água (1000 kg/m³)	7.950,0	1,000	39.750,0
Madeira (750 kg/m³)	39.750,0	0,420	83.475,0
Concreto (2400 kg/m³)	58.017,6	0,210	60.918,5
Tijolos Furados (1200 kg/m³)	22.768,8	0,220	25.045,7
Reboco (1500 kg/m³)	5.596,8	0,200	5.596,8
Ar (1,2 kg/m³)	227,5	0,240	273,0
Alumínio (2700 kg/m³)	2.000,0	0,219	2.190,0
Lã de Rocha (32 kg/m³)	100,4	0,160	80,3
Ferro (8.900 kg/m³)	2.000,0	0,117	1.170,0
Total	-	-	218.499,3

No 5º Estágio temos um total de 10 horas de aquecimento e aproximadamente 21.849,9 kcal/h de necessidade de vapor.

TABELA 10 – VALORES DE CÁLCULO E ENERGIA

NECESSÁRIA PARA AQUECIMENO DO SECADOR NO 6º

ESTÁGIO

TIPO	MASSA (kg)	CALOR ESPECÍFICO(kcal/kg°C)	ENERGIA (kcal)
Água (1000 kg/m³)	6.926,25	1,000	0
Madeira (750 kg/m³)	39.750,0	0,420	0
Concreto (2400 kg/m³)	58.017,6	0,210	0
Tijolos Furados (1200 kg/m³)	22.768,8	0,220	0
Reboco (1500 kg/m³)	5.596,8	0,200	0
Ar (1,2 kg/m³)	227,5	0,240	0
Alumínio (2700 kg/m³)	2.000,0	0,219	0
Lã de Rocha (32 kg/m³)	100,4	0,160	0
Ferro (8.900 kg/m³)	2.000,0	0,117	0
Total	-	-	0

42

Como não se varia a temperatura neste último estágio, teremos apenas perdas de energia para manter o secador, portanto a energia de aquecimento é zero.

A energia total consumida para o aquecimento de um secador é de 2.066.120 kcal.

b) Energia Para Manter o Secador

Para a manutenção do secador, consideram-se os mesmos estágios do aquecimento, porém os parâmetros são:

- Evaporação de Água;

- Perdas Para o Ambiente Externo e

- Renovação de Ar.

Para a água, utiliza-se no cálculo a massa evaporada e o calor latente de vaporização (540 kcal/kg). Nas perdas para o ambiente, utiliza-se a condutibilidade térmica para cada material, sua área de troca térmica com o meio, espessura e a variação de temperatura que está submetido o sistema. Para a renovação de ar, utiliza-se o volume de ar de reposição para cada estágio, as características do ar de entrada e a energia necessária para aquecê-lo.

Utilizou-se para cálculo das perdas para o ambiente os coeficientes de condutibilidade térmica vistos na TABELA 11.

TABELA 11 – COEFICIENTES DE CONDUTIBILIDADE TÉRMICA UTILIZADOS

MATERIAL	COEFICIENTE (kcal/h*m*°C)
Argamassa	0,75
Alumínio	175
Concreto Armado	1,30
Lã de Rocha	0,035
Tijolo Furado	0,35

Veja nas TABELAS 12, 13, 14, 15, 16 e 17 os valores utilizados para cálculo e a energia necessária para a manutenção da secagem, para cada estágio de secagem, respectivamente.

TABELA 12 – ENERGIA NECESSÁRIA PARA MANTER O SECADOR NO 1º ESTÁGIO

PARÂMETRO	ENERGIA (kcal)
Evaporação de Água	0
Perdas Para o Ambiente Externo	92.641,6
Renovação de Ar	0
Total	92.641,6

No 1º Estágio, não se tem evaporação de água, portanto é nula a quantidade de energia para este fim. Para as perdas, temos uma variação média de temperatura entre a parte interna e externa da estufa de 10°C, consideramos 10 horas e temos uma necessidade de energia de 92.641,6 kcal. Não se tem renovação de ar neste estágio. Totalizou-se para manter o 1º Estágio de secagem, um valor total de energia de 9.264,2 kcal/h.

TABELA 13 – ENERGIA NECESSÁRIA PARA MANTER O SECADOR NO 2º ESTÁGIO

PARÂMETRO	ENERGIA (kcal)
Evaporação de Água	8.586.000,0
Perdas Para o Ambiente Externo	3.335.098,9
Renovação de Ar	2.293.556,0
Total	14.214.654,9

No 2º Estágio evapora-se 15.900 kg de água, portanto 8.586.000 kcal. Com um total de 14.214.654,9 kcal necessárias em 180 horas, temos 78.970,3 kcal/h de necessidade de energia neste estágio.

TABELA 14 – ENERGIA NECESSÁRIA PARA MANTER O

SECADOR NO 3º ESTÁGIO

PARÂMETRO	ENERGIA (kcal)
Evaporação de Água	2.146.500,0
Perdas Para o Ambiente Externo	1.158.020,4
Renovação de Ar	624.447,2
Total	3.928.967,6

No 3º Estágio evapora-se 3.975 kg de água, portanto 2.146.500 kcal. Totalizou-se 3.928.967,6 kcal de energia para este estágio, significando 78.579,4 kcal/h, nas 50 horas decorrentes.

TABELA 15 – ENERGIA NECESSÁRIA PARA MANTER O

SECADOR NO 4º ESTÁGIO

PARÂMETRO	ENERGIA (kcal)
Evaporação de Água	2.146.500,0
Perdas Para o Ambiente Externo	1.389.624,5
Renovação de Ar	746.112,3
Total	4.282.236,8

Para as 50 horas de decorrência deste estágio são necessárias

85.644,7 kcal/hora para manutenção.

TABELA 16 – ENERGIA NECESSÁRIA PARA MANTER O

SECADOR NO 5º ESTÁGIO

PARÂMETRO	ENERGIA (kcal)
Evaporação de Água	1.073.250,0
Perdas Para o Ambiente Externo	810.614,3
Renovação de Ar	439.800,0
Total	2.323.664,3

Para as 25 horas do 5 estágio, são necessárias 92.946,6 kcal/hora, em manter.

TABELA 17 – ENERGIA NECESSÁRIA PARA MANTER O

SECADOR NO 6° ESTÁGIO

PARÂMETRO	ENERGIA (kcal)
Evaporação de Água	0
Perdas Para o Ambiente Externo	972.737,2
Renovação de Ar	0
Total	972.737,2

No 6° Estágio, não se tem evaporação de água, portanto é nula a quantidade de energia para este fim. Nas 30 horas decorrentes, utilizam-se 32.424,6 kcal/hora, apenas com perdas para o ambiente externo.

A energia gasta em manter um secador é de 25.953.864,9 kcal.

c) Dimensionamento da Tubulação de Alimentação dos Secadores

Para o dimensionamento da tubulação de alimentação dos secadores, utilizam-se os valores obtidos nos itens "a" e "b" de energia necessária. Na TABELA 18 segue as energias totais e por horas necessárias para aquecer e manter cada secador.

TABELA 18 – ENERGIA TOTAL E POR HORA, NECESSÁRIAS PARA CADA SECADOR

ESTÁGIO	ENERGIA P/ AQUECER		ENERGIA P/ MANTER		ENERGIA TOTAL	
	(kcal)	(kcal/h)	(kcal)	(kcal/h)	(kcal)	(kcal/h)
1º	1.350.997,1	135.099,7	231.604,1	9264,2	1.582.601,2	144.363,9
2º	0	0	14.214.654,9	78.970,3	14.214.654,9	78.970,3
3º	258.249,3	25.824,9	3.928.967,6	78.579,4	4.187.216,9	104.404,3
4º	238.374,3	23.837,4	4.282.236,8	85.644,7	4.520.611,1	109.482,1
5º	218.499,3	21.849,9	2.323.664,3	92.946,6	2.542.163,6	114.796,5
6º	0	0	972.737,2	32.424,6	972.737,2	32.424,6
Total	2.066.120,0	-	25.953.864,9	-	28.019.984,9	-

Como o 1º estágio de secagem é o com maior necessidade de energia, não se trabalha este estágio em conjunto para os dois secadores. Assim existirá uma necessidade de disponibilidade máxima de energia de 259.160,4 kcal/h, ao se conciliarem os estágios "1º" e "5º", entre as duas câmaras de secagem. Segue na TABELA 19 as propriedades do vapor a ser utilizado.

TABELA 19 – PROPRIEDADES DO VAPOR REQUERIDO PELOS SECADORES

PROPRIEDADE	VALOR
Pressão	1,5 kg/cm²
Temperatura	110,8 °C
Volume Específico	1,180 m³/kg
Calor Latente de Condensação	531,9 kcal/kg

Para que não haja corrosão interna na tubulação, utiliza-se uma velocidade do vapor de no máximo 25 m/s para a tubulação principal e de 30 m/s para a secundária. Para estas velocidades encontram-se as dimensões da tubulação necessária. Veja na TABELA 20 os diâmetros necessários em cada seção da tubulação.

A tubulação principal está dimensionada para uma vazão máxima de 487,3 kg de vapor por hora e a tubulação secundária para uma vazão de 271,5 kg de vapor por hora.

TABELA 20 – DIÂMETRO DOS TUBOS DE ALIMENTAÇÃO DE VAPOR AOS SECADORES

TUBO	DIÂMETRO (pol)
Tubulação Principal	4"
Tubulação Secundária	2 ¾"
Retorno Condensado Principal	3 ¾"
Retorno Condensado Secundário	2 ½"

d) Dimensionamento dos Trocadores de Calor

Para o dimensionamento da área de troca térmica dos trocadores de calor, são necessários os valores de demanda térmica máxima consumida no secador, o coeficiente global de troca térmica e a média logarítmica das diferenças de temperatura. Para o cálculo do coeficiente global de transmissão de calor, são utilizados os valores de coeficiente laminar de vapor, coeficiente laminar do ar, coeficiente de condutibilidade térmica do material que é feito o trocador e a espessura da parede do trocador de calor.

Para a média logarítmica da diferença de temperatura são utilizados os valores de temperatura antes do trocador, depois do trocador e temperatura do vapor, para o 1° Estágio, por este requerer maior necessidade de troca térmica. Podem ser vistos na TABELA 21 os parâmetros, seus valores e suas respectivas unidades.

TABELA 21 – PARÂMETROS UTILIZADOS NO CÁLCULO DA
ÁREA DE TROCA TÉRMICA

PARÂMETRO	UNIDADE	VALOR
Coeficiente Laminar do Vapor	(kcal/h*m²*°C)	5.000
Coeficiente Laminar do Ar	(kcal/h*m²*°C)	50
Coeficiente de Condutibilidade Térmica do Aço	(kcal/h*m²*°C)	46,1
Espessura da Parede do Trocador	(mm)	3
Eficiência da Aleta	(%)	80
Temperatura do Vapor	(°C)	110,8
Temperatura do Condensado	(°C)	100
Temperatura Antes do Trocador (ambiente)	(°C)	25
Temperatura Depois do Trocador	(°C)	45
Fator de Segurança	(%)	30
Velocidade do Ar no Trocador	(m/s)	5,2
Quantidade de Aletas por Metro	(un./m)	125
Diâmetro do Tubo	(mm)	33,3
Diâmetro da Aleta	(mm)	73,3
Comprimento dos Tubos	(m)	1,250
Coef. de Condutibilidade Térmica da Aleta	(kcal/h*m²*°C)	46,1
Largura do Secador	(m)	7,5

Seguem na TABELA 22 os valores calculados para o dimensionamento dos trocadores de calor necessários para cada secador.

TABELA 22 – VALORES CALCULADOS PARA O DIMENSIONAMENTO DOS TROCADORES DE CALOR DE CADA SECADOR

DIMENSIONAMENTO	UNIDADE	VALOR
Demanda Térmica Máxima	(kcal/h)	145.000
Coeficiente Global de Troca Térmica	(kcal/h*m²*°C)	49,35
Média Logarítmica das Diferenças de Temp.	(°C)	30,53
Área de Troca Térmica Eficaz	(m²)	125,1
Área Total por Metro de Tubo Aletado	(m²)	0,9418
Eficiência do Tubo	(%)	77,4

Desta forma, encontra-se uma necessidade de área de troca

térmica de 161,6 m², sendo esta distribuída em 69 tubos de 1,25 m

na parte frontal e 69 tubos na parte traseira do secador, assim se

obterá uma demanda térmica de 145.000 kcal. A distância entre

eixos dos tubos deve ser de 105 mm. Utilizam-se radiadores de aço

carbono e aletas em aço galvanizado, com posicionamento

diagonal em 45°, na parte superior do sub-teto. Devem resistir a

uma pressão mínima de teste de 15 kg/cm². Estes devem ser

dispostos entre os ventiladores e a linha de *dumpers*. Utilizam-se

válvulas de acionamento proporcional, permitindo o controle de

vazão.

3.1.7- SISTEMA DE UMIDIFICAÇÃO

Utilizar-se-á de umidificação por vaporização direta. Este

sistema será utilizado nos estágios 1° e 6° da secagem. Para cálculo

da necessidade de vapor utiliza-se a capacidade de absorção de

água pelo ar nas condições ambientes, e a capacidade após

aquecimento. Para que em 30 minutos sejam alcançadas as condições necessárias nos 1º e 6º estágios, seguem na TABELA 23 as necessidades do sistema de umidificação.

TABELA 23 – NECESSIDADE DO SISTEMA DE UMIDIFICAÇÃO

ESTÁGIO	NECESSIDADE DE ABSORÇÃO (kg/m³)	VOLUME DE AR POR HORA (m³/h)	FLUXO DE VAPOR (kg/h)
1º	0,04639	394,9	18,4
6º	0,04157	394,9	16,4

Para isto são utilizados uma válvula de acionamento *on/off* e uma tubulação de ¾" de diâmetro. O próprio tubo de ¾" pode ser utilizado na distribuição deste vapor no interior do secador. Deve ter 7 metros de comprimento e ter furos de 2 mm de diâmetro a cada 8 cm. Este tubo deve ser localizado no interior da estufa, próximo aos ventiladores, para facilitar a homogeneização do ambiente.

3.1.8- AUTOMAÇÃO

Permitindo controlar o processo de secagem, o sistema de controle deverá ser automatizado. Este deve atuar sobre as variáveis de temperatura, umidade relativa do ar e rotação dos ventiladores. O sistema deve proporcionar algumas condições básicas: Inclusão da carta de processo e fácil alteração desta a qualquer momento; Display em português; Inversão do sentido dos ventiladores; Condução completa do ciclo de secagem; Possibilidade de operação manual; Registro contínuo das informações; Medição de oito pontos de medição da umidade da madeira; Medição de dois pontos de TBS e um de TBU; Monitorar e controlar temperaturas e umidade relativa de acordo com a carta de processo, em função do teor de umidade da madeira. Será utilizado um micro computador com impressora.

3.2- UNIDADE DE GERAÇÃO DE VAPOR

3.2.1- CALDEIRA

Para fornecer a demanda de energia necessária de 259.160,4 kcal, deverá ser utilizada uma caldeira de 1,5 kg/cm² de pressão, temperatura do vapor saturado de 110,8°C. Caso estivéssemos em uma situação de condições ideais, precisaríamos de uma disponibilidade de produção de vapor 487,3 kg/h. Como existem perdas de pressão e temperatura neste processo, atribui-se para efeito de cálculo, cerca de 30 % de perdas no percurso do vapor, 15 % de perdas nos trocadores de calor em função do abrir e fechar dos purgadores e mais 15 % de margem de segurança. Assim teremos uma necessidade de geração de vapor máxima de 780 kg/h.

3.2.2- CONSUMO DE LENHA

Para queima nesta caldeira será utilizada lenha como fonte de energia primária. Esta lenha estará com 15% de umidade e tem uma massa específica em torno dos 970 kg/m³.

Deve-se entrar com 487.831,3 kcal de energia em forma de lenha para a produção de 780 kg/h de vapor, com a eficiência da caldeira sendo 85%. Visto que o poder calorífico desta lenha é de 3.921,7 kcal/kg, temos uma necessidade máxima de 124,4 kg de lenha por hora.

Em média existirá um consumo de 152.879,7 kcal/h de lenha, significando um consumo médio de 39,0 kg de lenha por hora, totalizando 26,9 ton de lenha por mês. Ou, respectivamente, 0,04 m³ em média por hora e 27,7 m³ mensais de lenha.

4- ESPECIFICAÇÕES

Estas especificações foram obtidas em cálculo e dimensionamento no item três (PROJETO E EQUIPAMENTO UTILIZADO) deste documento, onde se detalha a forma de obtenção destes valores. Na TABELA 20 se apresenta a relação de equipamentos necessários suas especificações e instalações para o projeto básico.

TABELA 24 – ESPECIFICAÇÕES DOS EQUIPAMENTOS E INSTALAÇÕES

ITEM	SUB-ITEM	ESPECIFICAÇÕES	
Secagem	2 Câmaras de Secagem Convencional	Capacidade de aprox. 50 m³ por câmara	
	Carregamento	Empilhadeira	
Construções	Secadores	Profundidade Interna	6,60 m
		Largura Interna	7,50 m
		Altura até o Sub-Teto	4,00 m
		Altura Total Interna	5,10 m
		Largura do Plenum	1,40 m
		Fundações	Concreto
		Piso	Concreto
		Teto	Concreto
		Sub-Teto	Concreto

61

Construções	Secadores	Paredes	Alvenaria com tijolo de 6 furos deitados
		Porta	Revestida em alumínio com isolamento de lã de rocha e vedação em silicone. Dimensões de 7,65x4,10 m e espessura de 100 mm.
		Cobertura para carregamento e descarregamento	Estrutura metálica e telhas em fibrocimento
		Sala de Controle	Alvenaria com 30 m² e sanitário de 6 m².
	Caldeira	Alvenaria com 60 m², 6x10 m.	
Sistema de Ventilação	Ventiladores	3 ventiladores axiais	Com acionamento direto e diâmetro de 950 mm. Vazão unitária de 35.000 m³/h e vazão total de 105.000 m³/h
	Motores	3 motores de 10 CV de potência	Tensão de entrada de 380V e capacidade de reversão para ventilação em ambas direções.
	Inversor de Freqüência	1 por câmara	Para atender a 30 CV.

TABELA 24 – ESPECIFICAÇÕES DOS EQUIPAMENTOS E

INSTALAÇÕES (CONTINUAÇÃO)

ITEM	SUB-ITEM	ESPECIFICAÇÕES	
Sistema de Aquecimento	Tubulação Principal	Diâmetro	4"
	Tubulação Secundaria	Diâmetro	2 ¾"
	Válvulas	Proporcionais	
	Radiadores	Tubos com 1,25 metros de comprimento, 125 aletas por metro, totalizando 161,6 m² de área de troca térmica. Diâmetro de 33,3 mm e diâmetro da aleta de 73,3 mm. Espessura da aleta de 0,7mm. Dispostos em diagonal na parte superior do sub-teto.	
Retorno de Condensado	Tubulação Principal	Diâmetro	3 ¾"

63

	Tubulação Secundária	Diâmetro	2 ½"
	Purgadores	1 por secador	2 ½"
Sistema de Umidificação	Tubulação	Diâmetro de ¾"	
	Válvula	Tipo solenóide *on/off*	
	Tubo de Distribuição	Com 7 m de comprimento e furos de 2 mm de diâmetro distanciados 80 mm um do outro.	
Sistema de Renovação de Ar	*Dumpers*	6 entrada + 6 saída	Em alumínio, com dimensões de 400x400 mm. Com batente e telhado superior.
	Acionamento Motorizado	Proporcional	Com eixo central e distribuição independente para cada par de *dumpers*. Sistema proporcional, com rosca sem

			fim e regulagem de abertura máxima.
Sistema de Controle	CLP	Com display digital alfanumérico.	Possibilidade de intervenção no caso de falha do sistema automático.
	Supervisório		Monitoramento e controle de temperatura, umidade relativa e velocidade do ar. Acompanhamento da umidade da madeira com base na carta de processo. Micro computador.
	Termômetros	Tipo PT 100	Três termômetros, sendo dois localizados nos fundos do secador, estes

			com caixa de água para TBU, e um na parte frontal, próximo à porta.
	Pinos Sensores	Sistema Resistivo	Oito pares de pinos sensores com cabos dimensionados para atender as necessidades de posicionamentos destes nas pilhas de madeira.
Caldeira	Pressão Manométrica	1,5 kg/cm²	
	Temperatura Vapor	110,8 °C	
	Vazão de Vapor	780 /h	

5- PLANTAS DAS EDIFICAÇÕES

A FIGURA 01 mostra o *layout* simplificado da área de secagem de madeiras desenvolvida. Encontram-se neste, a área da caldeira, sala de controle com banheiro, os dois secadores e uma área coberta, utilizada na gradeação da madeira e carregamento e descarregamento das estufas.

FIGURA 01 – LAYOUT SIMPLIFICADO

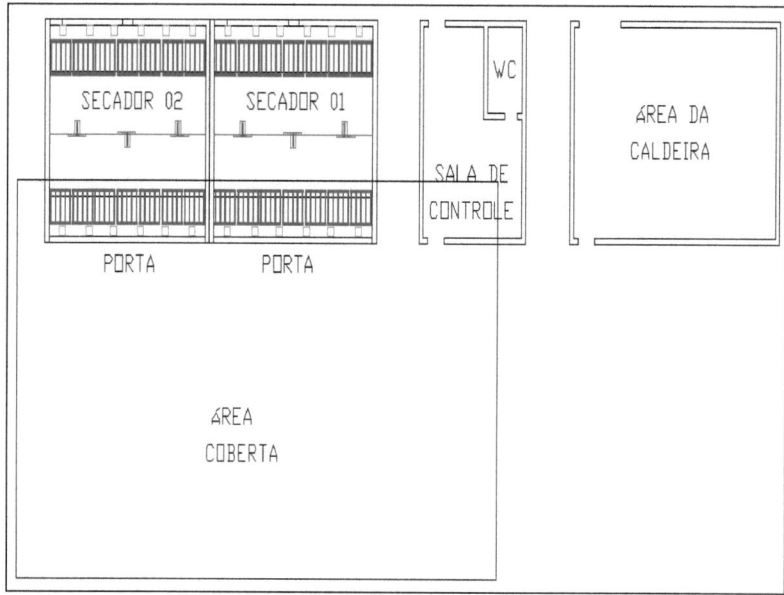

6- REFERÊNCIAS BIBLIOGRÁFICAS

HILDEBRAND, R. **Kiln drying of sawn timber.** Maschinenbau Gmbh. 1970, 198p.

KOLLMANN, F. P. P.; CÔTÉ, Jr. W. A. **Principles of wood science and technology – solid wood** I. New York: Spring Verlag, 1968. 592p.

MENDES, A. S. **Dimensionamento de secadores convencionais para madeira.** Centro de Pesquisas de Produtos Florestais. Manaus, 1984. 17p.

SKAAR, C. **Water in wood.** New York: Syracuse Univ. Press, 1972.

Printed by Books on Demand GmbH, Norderstedt / Germany